Martha Lucía Posso Franco

A criação biologia universal

Martha Lucía Posso Franco

A criação biologia universal

Por fim, a biologia da criação está completa!

ScienciaScripts

Cover image: www.ingimage.com

This book is a translation from the original published under ISBN 978-613-9-07259-0.

Publisher:
Sciencia Scripts
is a trademark of
Dodo Books Indian Ocean Ltd. and OmniScriptum S.R.L publishing group

120 High Road, East Finchley, London, N2 9ED, United Kingdom
Str. Armeneasca 28/1, office 1, Chisinau MD-2012, Republic of Moldova, Europe
Printed at: see last page
ISBN: 978-620-7-65734-6

CRIAÇÃO, BIOLOGIA

POLIVALENTE UNIVERSAL

MARTHA LUCIA POSSO FRANCO

CARTAGO 31 DE AGOSTO DE 2016

Primeiras impressões

Índice

INTRODUÇÃO : CRIAÇÃO, BIOLOGIA INTEGRAL UNIVERSAL

Há muito que lhe ensinei que o Criador e a criação são um só e mesmo ser. Neste texto, vou mostrar-lhe como é realmente o maravilhoso ser integral Deus na sua magnífica e maravilhosa criação.

Veremos como cada componente ou ser da criação é dotado de uma maquinaria maravilhosa, que nos faz encaixar num todo maravilhoso, funcionando como um só corpo e um só ser integral. 7 de fevereiro de 2015.

MARTHA LUCIA POSSO FRANCO

AUTOR

CAPÍTULO 1: A CRIAÇÃO, A BIOLOGIA INTEGRAL UNIVERSAL

Tudo o que é e existe materialmente, mentalmente e espiritualmente e o universo infinito: a criação, é um ser magnífico que muda as suas partes através da sua transformação contínua. Reinventa-se e continua a auto-criar-se, a cada segundo do dia, em cada um dos seus micro-nano-átomos e seres, um número infinito de vezes, sem cansaço e sem demora, com o mesmo ritmo acelerado desde o início da vida e da criação.

CARACTERÍSTICAS DA CRIAÇÃO

São de dois tipos: intrínsecas e extrínsecas. As características da criação são as qualidades que ela possui, em relação a si mesma e aos seus componentes internos e em relação ao nada e à obscuridade que a rodeiam, ou ao espaço a ocupar com um corpo material.

A seguir, veremos como se manifesta cada uma das suas características

As CARACTERÍSTICAS INTRÍNSICAS são todas as qualidades internas, sentimentos e comportamentos integrais do Todo e das suas partes, em feedback interno.

As características intrínsecas incluem:

COMPORTAMENTAL, OU COMPORTAMENTAL. Estes são os movimentos cíclicos ou rotativos, de feedback linear e inversos. Os de sensação e os sensoriais internos.

CARACTERÍSTICAS EXTRÍNSICAS: A sua relação com o espaço físico que ainda não preencheu com seres materiais.
São todas as qualidades exteriores, sentimentos e comportamentos integrais do Todo e das suas partes, em relação ao nada ou ao espaço a preencher no vazio que ainda existe no universo infinito.

As características extrínsecas incluem

Os físicos em geral, que fazem parte de todos os seres e estrelas da criação.

CICLOS DO UNIVERSO E DOS SEUS SERES

Cada um dos seres e estrelas da criação tem o seu próprio ciclo de vida, desde o momento em que nascem, se tornam adultos, dão frutos e envelhecem até morrerem e se transformarem em pó que ajuda a gerar e a alimentar novos seres com os seus ciclos de vida.

Tal como cada ser e cada estrela, também todo o universo infinito tem o mesmo ciclo de vida: nasceu, está a crescer, a transformar-se, a amadurecer e a dar frutos em cada um dos seus componentes, desde o mais ínfimo até ao macrogigante como as supernovas, e todos os dias envelhece pouco a pouco, até encolher completamente, o seu corpo físico desaparecer e restar apenas uma nanomicropartícula de energia, que, a seu tempo, quando amadurecer, explodirá num novo nanomicrobigbang e iniciará o crescimento de um novo universo material, que completará o mesmo ciclo de vida que o nosso num período de megilhões de anos, até terminar, amadurecer de novo e se propagar infinitamente.

ENERGIA EM GERAL

No planeta e no universo existe energia em todas as suas formas: material, espiritual e mental. De acordo com a natureza dos seres, ela pode ser: benigna, maligna ou neutra.

1. ENERGIA BENIGNA: quando tende a curar, a evoluir e a melhorar as condições, a qualidade de vida e o habitat de todos os seres e astros do universo.
2. ENERGIA MALÉFICA: quando tende a danificar, adoecer, involuir e piorar as condições, a qualidade de vida e o habitat interno e externo de todos os seres e astros.

De acordo com a sua origem, pode ser: material, espiritual e mental.

A. ENERGIA MATERIAL. Aquilo que pode ser visto, tocado e saboreado; ou com o qual se pode ter um contacto visual e físico constante, como resultado do feedback psicofísico e esotérico que o acompanha ao longo do seu processo de vida, desde o seu nascimento até à morte do ser e à sua transformação em pó e energia inerte latente.

B. ENERGIA ESPIRITUAL. Aquilo que pode ser sentido como um fluido, não pode ser tocado, e com grande dificuldade é percetível ao olho humano. Só pode ser vista por clarividentes, feiticeiros, espiritualistas, parapsicólogos, espíritas, budistas, gnósticos e estudiosos esotéricos em geral. Pode ser encontrada nas suas 3 formas:

BENIGNO: quando os sentimentos, os sentidos e o tecido social do habitat da área ou ser em questão, é ou são positivos, benignos e evoluem constante e progressivamente, na melhoria de cada indivíduo, da sua qualidade de vida e da sua total satisfação e compreensão, com o meio ambiente e todos os seus seres. Tende à harmonia e à paz geral.

MALIGNO: quando todos os elementos anteriores são negativos, malignos e involuem constante e progressivamente em detrimento de cada indivíduo, com deterioração da sua qualidade de vida, incompreensão, intolerância, distanciamento, ódio e caos ou anarquia total. Uma completa catástrofe progressiva que afecta o habitat e todos os seus seres. Tende à guerra, à mortalidade e à destruição em geral.

NEUTRAL: quando a inércia, a apatia, o conformismo e o congelamento entram na evolução dos seres e do habitat. Os seres preguiçosos e parasitas fazem parte deste fenómeno, assim como os seres indiferentes e desinteressados. O que já não é cuidado pela inércia deteriora-se e o habitat, os seres e o tecido social são inexistentes ou negativos.

C. ENERGIA MENTAL. Aquela que não pode ser vista, mas é percebida no equilíbrio ou desequilíbrio dos seres ou astros. Em conjunto com o corpo material e o do espírito, pode produzir fenómenos como a telecinesia, o domínio mental, a hipnose e as regressões mentais ou psicológicas. Pode ser encontrada nas suas 3 formas:

BENIGNO: quando totalmente controlado, gera sentimentos e acções positivas nos seres e nas estrelas e no seu habitat em geral. Pode ser apreciado mas não tocado. São os pensamentos e ideias positivas e os actos ou acções positivas que deles resultam.

MALIGNANTE: quando há falta parcial ou total de controlo da mente. Pode ser observado nos distúrbios psíquicos: leves, regulares ou de total gravidade, como nos loucos. Podem ser transtornos bipolares, esquizofrenia, mania, fobias, vícios, ódios ou loucura total. Em qualquer um destes casos, é prejudicial tanto para a pessoa que não está bem como para os que a rodeiam e para o seu habitat.

NEUTRAL: quando há estados de inércia mental como: catatonia, coma leve ou morte cerebral. Quando sofridas esporadicamente, como nos lunáticos ou nas pessoas que sofrem de ataques epilépticos regulares. Não contribuem para melhorar o indivíduo ou o seu habitat. Tendem a deteriorar e não a melhorar a qualidade de vida dos seres e do seu habitat.

CAPÍTULO 2: PLANOS ESPECTRAIS, ESPIRITUAIS E MATERIAIS DO UNIVERSO E DOS SEUS SERES

PLANO ESPECTRAL. O plano espetral do universo é constituído pelas energias negativas ou escuras, e tal como o ser humano tem uma sombra, tal como os seres e as estrelas, o universo como um todo tem a soma de todas as sombras de cada um dos seus seres e estrelas, que o compõem e que, quando unidas, dão origem ao plano espetral.

Por isso, aqueles que, contrariando as leis naturais do universo e as leis de Deus, o utilizam para voar e se alimentam das suas formas e conhecimentos, encontram nele uma cópia de todos os seres e estrelas da criação. É, portanto, este plano, a aura negativa e enganadora do universo. Também tem sido chamado até agora de plano astral.

PLANO ESPIRITUAL. Está intimamente ligado ao plano material e todas as suas manifestações de vida, energia e força são visíveis ao olho humano. Não se encontra em nenhum outro lugar; as únicas partes invisíveis são as formas energéticas dos seres que deixaram seus corpos materiais e a corte celestial, com a Trindade como seu rei supremo.

PLANO MATERIAL. É o plano físico, onde tudo o que é e existe pode ser apreciado e tocado com todos os sentidos.

NOTA: A mente está presente, administrando todo e qualquer ser, tanto no plano material e espiritual, como no plano de satanás: o plano espetral ou das sombras da criação.

CAPÍTULO 3: SISTEMAS QUE CONSTITUEM CADA UM DOS SERES DA CRIAÇÃO

Como todo e qualquer ser, as estrelas da criação e todo o universo têm os mesmos sistemas componentes. Entre eles estão:

1. SISTEMA CIRCULATÓRIO
2. SISTEMA DIGESTIVO
3. SISTEMA ELEMENTAR (VITAMINAS E NUTRIENTES)
4. SISTEMA ENDÓCRINO
5. SISTEMA EXCRETOR
6. SISTEMA INTELIGENTE
7. SISTEMA MUSCULAR
8. SISTEMA NERVOSO
9. SISTEMA ÓSSEO
10. SISTEMA REAL OU DE MICÇÃO
11. SISTEMA REPRODUTOR
12. SISTEMA RESPIRATÓRIO

Vejamos agora como cada um deles funciona nos seres e nas estrelas e em toda a criação ou universo.

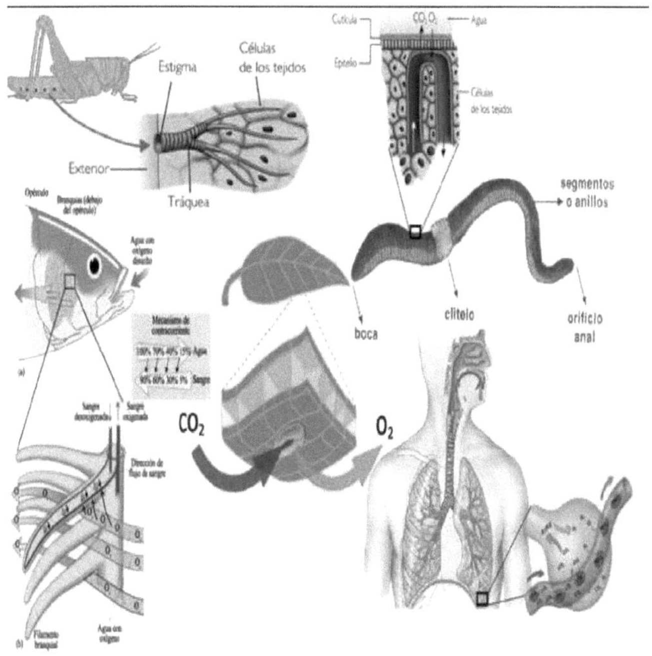

1) **SISTEMA CIRCULATÓRIO -** Fluxo circulatório.

Sangue em circulação. Consiste em dois movimentos ou fases: diástole e sístole: o movimento de contração do coração e das artérias. O principal órgão deste sistema é o coração, com cujos batimentos o sangue circula a um ritmo normal pelo corpo de um ser humano ou de um animal.

a. NOS ANIMAIS. É constituído por veias, artérias e vasos linfáticos. Através de todas as suas veias, transporta e extrai o sangue do coração. É ela que permite ao ser humano estar vivo e ter um ritmo normal de vida e de movimento.

b. NAS PLANTAS. É constituído pelas condutas que transportam a seiva da raiz para a ponta da árvore ou do arbusto e de novo para a raiz, para continuar o ciclo de retroalimentação constante da seiva na planta. Assegura a vida fazendo circular a seiva, que é a vida da planta, através dos vasos e das células que a irrigam e a mantêm viva.
c. NOS MINERAIS. Os líquidos como o petróleo possuem este sistema, juntamente com outros como o endócrino, o excretor e o respiratório; ajudam-no a fazer circular os combustíveis, elementos e fermentos que o constituem, a liquefazer-se e a produzir os gases do sistema excretor e a cumprir, de forma complexa, todas as funções dos sistemas da sua natureza. Os minerais metalóides ou em pó têm sistemas muito lentos ou mesmo inexistentes.
d. O PLANETA E AS ESTRELAS. O sistema circulatório do planeta é constituído por todas as suas nascentes, afluentes, mares e oceanos, água doce, água salgada e esgotos.

As águas limpas são aquelas que entram para alimentar o planeta e os seus seres. As sujas ou residuais são o produto da poluição ou dos resíduos deixados nas águas pelos seres do planeta. Nos outros astros e asteróides, que possuem qualquer tipo de elementos líquidos, acontece a mesma coisa. Todos os elementos líquidos fazem parte deste sistema ou do urinador, não só no planeta, mas em todas as estrelas e na criação.

A atmosfera, com os seus diferentes tipos de nuvens, é uma parte importante desta circulação líquida entre a atmosfera e o planeta.

e. NO UNIVERSO. O sistema circulatório é constituído pela água que circula no Universo e pelos elementos, sob a forma de gases ou de líquidos. Estes movem-se de forma contínua e sistemática. São o sangue da criação, que circula sob a forma de líquidos, de gelo ou de gás. Impulsionados pelo movimento invisível do batimento cardíaco do Universo a partir do seu enorme coração.

2. **SISTEMA DIGESTIVO.** O principal órgão deste sistema é o estômago. No estômago concentram-se os alimentos e os líquidos ingeridos por ação da saliva, do suco gástrico e da bílis. São digeridos e enviados, de acordo com a sua utilidade, para os outros sistemas e órgãos do corpo, para continuarem o seu processo de nutrição, transformação ou excreção, entre outros. Relacionado com a digestão. Sistema da ação de digerir.

DIGESTÃO. Quebra mecânica e química dos alimentos no tubo digestivo, para que possam ser assimilados pelo organismo: os hidratos de carbono são convertidos em açúcares simples, as gorduras em ácidos gordos e glicol e as proteínas em aminoácidos, sob a ação da saliva e do suco gástrico.

a. EM ANIMAIS. É constituído pelo esófago e pelo estômago, através dos quais entram os alimentos e a saliva. Actua o suco gástrico e a bílis. Encarrega-se de liquefazer os alimentos, separando os nutrientes das partes para o sistema excretor ou renal e é responsável por enviar as fezes para o cólon e a bexiga e as toxinas são expelidas pela pele através do suor, depois de passarem pelo fígado para serem filtradas e enviadas para o rim e a bexiga, para a pele ou para o cólon e o ânus. Assegura que o ser humano possa ter energia para se mover e viver com os nutrientes e a expulsão contínua das fezes.

b. NAS PLANTAS. Como as plantas são estáticas, os seus movimentos exteriores são provocados pela ação do vento. Internamente, têm movimentos voluntários, contínuos e sistemáticos, que não são apreciados pelo olho, pelo ouvido ou pelos sentidos humanos ou animais.

Tal como movimenta a seiva através do sistema circulatório, também movimenta os nutrientes através dos lipossomas e lisossomas (ver botânica). No local que se assemelha a um estômago animal, os alimentos extraídos do solo ou do ar são liquefeitos e os nutrientes são enviados para toda a planta, para a sua vida e força, e as fezes para o sistema excretor, onde são devolvidas ao solo para serem reprocessadas e utilizadas para a nutrição futura da planta. Garante a vida e a nutrição da planta e a sua longevidade como ser vivo.

c. NOS MINERAIS. É um sistema muito lento, através do qual, após um longo período de tempo, com as substâncias que chegam ao solo, melhora o mineral em algumas partes do solo e noutras pode empobrecê-lo, até se tornar inútil ou descartável e, em contacto com líquidos ou água, são lavados e apenas o bom mineral permanece sólido e o mau é destacado e separado dele.

É importante porque utiliza os bons minerais e pós e separa os maus e inutilizáveis. Pode preservar ou melhorar a qualidade do minério.

d. NO PLANETA E NAS ESTRELAS. O sistema digestivo do planeta é constituído por todos os nutrientes sólidos, gasosos e líquidos que alimentam cada planeta e estrela da criação. Estes são fornecidos pelos mesmos seres animais, vegetais, minerais e elementares que fazem parte de cada estrela e planeta da criação. Quando as folhas ou ramos das plantas caem, decompõem-se até se transformarem em pó, que entra para nutrir, fertilizar e aumentar a parte sólida do planeta, garantindo nutrientes para gerar milhões de microorganismos e novos seres, que regeneram o ecossistema e sustentam a vida, a evolução e a permanência do ser ou estrela, durante biliões de anos. O mesmo acontece com os restos animais, minerais e elementares.

Este sistema digestivo é composto pelo ambiente, pelo vento que espalha as poeiras e os resíduos, pelos líquidos que o fazem penetrar na terra do astro ou do planeta e pelo tempo que, à medida que passa, com a ajuda do sol e do frio da noite, contribui para a deterioração dos sólidos e dos líquidos e para a sua entronização no solo, para dar nova vida e novos seres vivos no plano físico.

e. NO UNIVERSO. É constituído pelos grandes e pequenos buracos negros espalhados pelo Universo, que, com as suas forças centrífugas e centrípetas, se encarregam de pegar no que alcançam, liquefazê-lo e fazê-lo desaparecer em milhares de milhões de micronanótomos, que se espalham pelo éter e vão formar novas galáxias e sistemas solares.

FORÇA CENTRÍFUGA. Afasta os seres ou as coisas do centro do buraco negro, do tornado ou do redemoinho. Separa as coisas ou os seres do centro do fenómeno atmosférico.

FORÇA CENTRÍPETA. Puxa para o centro do fenómeno atmosférico, os seres e as coisas que apanha no seu caminho.

No buraco negro, a força centrípeta actua aprisionando estrelas, planetas, seres ou coisas; estes passam então através do corpo verme lho do buraco negro, enquanto são digeridos ou estilhaçados em milhões de nanopartículas, que ao chegarem à outra extremidade, são levadas pela força centrífuga e expelidas para longe da extremidade do buraco negro, para o universo agora desconhecido do homem, para serem aproveitadas como componentes de nova vida em milhões de novos seres e estrelas, ou descartadas para sempre como nanopartículas mortas e inúteis. Os tornados ou redemoinhos actuam da mesma forma no interior dos sólidos e líquidos das estrelas ou dos planetas.

3. **SISTEMA ELEMENTAR.** Conjunto de elementos que estão ordenadamente relacionados entre si.

   ELEMENTO. Cada um dos corpos simples que, isoladamente ou em combinação (compostos), constituem todas as substâncias conhecidas. A natureza de cada elemento determina o número de protões no seu núcleo atómico; são classificados em metais e metalóides. São conhecidos cerca de 105 elementos, 92 naturais e 13 artificiais.

a. EM ANIMAIS. Consiste em todos os metais, metalóides e líquidos, com exceção da água, do sangue, da saliva, da urina, das fezes e do respetivo sistema de irrigação do corpo animal.
b. NAS PLANTAS. É constituído por todos os elementos químicos e pelo seu sistema de irrigação e composição de todas as moléculas do corpo vegetal.
c. NOS MINERAIS. Os minerais sólidos e líquidos também possuem partes de elementos químicos, com um sistema de irrigação correspondente, que é lento nos sólidos e mais dinâmico nos líquidos.
d. O PLANETA E AS ESTRELAS. O sistema elementar do universo com os seus seres e estrelas é constituído por todos os elementos químicos que, em maior ou menor grau, fazem parte de cada ser e estrela da criação, com o seu correspondente sistema de irrigação, mais lento se for sólido e

mais dinâmico se for líquido.

e. NO UNIVERSO. Tal como os elementos fazem parte da composição do planeta Terra, com o seu sistema de circulação ou irrigação e as suas outras características, encontram-se nas estrelas, asteróides e astros com as mesmas características, embora em maior ou menor quantidade e com melhores ou piores qualidades.

Os elementos e os minerais encontram-se na composição de tudo, desde as nanomicropartículas até às grandes supernovas. Estão presentes em todos os seres e estrelas da criação.

4. **SISTEMA ENDÓCRINO.** Conjunto de glândulas em inter-relação ordenada.

As glândulas que libertam as suas secreções (hormonas) diretamente na corrente sanguínea, como a tiroide, a hipófise, as supra-renais, etc. (chamadas glândulas de secreção interna), são chamadas glândulas endócrinas.

a. NOS ANIMAIS. É constituído pelas glândulas (órgãos que produzem secreções que, dependendo de qual seja, podem ser: endócrinas, lacrimais, mamárias, pineais, parótidas, pituitárias, prostáticas, salivares, sudoríparas, supra-renais ou tiroideias; neste caso são as glândulas endócrinas como o nome do sistema indica. Entre elas temos: tiroide, pituitária, suprarrenal, etc.

TIRÓIDES. Glândula endócrina, situada na frente da faringe.

Também se chama CORPO TIRÓIDE: segrega TIRROXINA. Principal cartilagem da laringe, a sua face anterior forma a maçã de Adão no homem.

HIPÓFISE. Glândula endócrina, situada na base do crânio, denominada hipófise.

SUPRARENAL. Glândulas endócrinas que cobrem a região ântero-posterior dos rins, a sua medula segrega adrenalina e o seu córtex elabora várias hormonas, que lançam as suas secreções na corrente sanguínea. Em todas estas secreções são expelidas substâncias residuais que são depois transportadas para o sistema excretor ou exsudadas através da pele.

b. NAS PLANTAS. Constituído por todas as células vegetais que ajudam a expelir toxinas e substâncias residuais da planta.
c. EM MINERAIS. São substâncias líquidas ou minerais em pó, que são expulsas ou separadas do mineral para preservar a sua pureza e natureza original.
d. O PLANETA E AS ESTRELAS. Constituído pelo sistema exsudativo, sudorífero e salivante de toda a criação, que cumpre o ciclo de evaporação dos líquidos, filtrando-os e devolvendo-os sob a forma de chuva, em função da sua atmosfera e do corpo duro do astro ou do planeta, os seus líquidos são as substâncias residuais, sujas ou letais que podem ser separadas das inócuas ou benignas,

independentemente da sua natureza: sólida, gasosa ou líquida.

5. **SISTEMA EXCRETOR.** Conjunto de órgãos glandulares, ordenadamente inter-relacionados, que excretam as glândulas através do ducto excretor. Sistema de órgãos encarregados de transportar as fezes para fora do corpo material através de um ducto excretor. O cólon é uma parte importante deste sistema.

   CÓLON. A segunda porção do intestino grosso, entre o ceco e o reto; compreende o cólon ascendente, descendente, transverso e sigmoide (ou ilíaco).

   Parte do intestino grosso entre o íleo e o cólon.

   RECTO. Última porção do intestino grosso.

   ÂNUS. O orifício final do reto.

   SIGMÓIDE, SIGMÓIDE. De forma semelhante ao sigma, em forma de s.

   TRANSVERSO. Dirigido ou colocado transversalmente. Atravessar de um lado para o outro.

   a. EM ANIMAIS. Sistema constituído pelo intestino grosso, reto e ânus; que varia conforme o animal, de órgãos simples a complexos. Expulsam todas as substâncias sólidas que constituem resíduos para o corpo físico.

b. NAS PLANTAS. Conjunto de órgãos e células excretoras, ordenadamente inter-relacionados, responsáveis pela expulsão dos sólidos desnecessários das plantas.
c. EM MINERAIS. É o mecanismo de filtragem de sólidos, no processo de purificação natural dos minerais. Este processo pode levar de décadas a milhões de anos.

d. O PLANETA E OS ASTROS. Tal como nos seres, cada astro ou asteroide, em cada uma das suas partes, filtra líquidos, sólidos e gases, expelindo no final os resíduos de todos estes, de que não necessita para a sua subsistência sob a forma sólida, em partículas ou em grandes massas. Fazem parte deste processo as substâncias sólidas expelidas na lava dos vulcões. Também os respiradouros que expelem enxofre e outras substâncias sólidas.
e. NO UNIVERSO. Tal como nos seres e nas estrelas, todo o universo possui um sistema excretor bem formado que reúne todas e cada uma das excreções dos componentes do universo. Os fenómenos atmosféricos fazem parte deste sistema, quando, sem qualquer origem física detetável, sentimos os odores expelidos pela terra ou pelos outros planetas, os gases e todos os resíduos e o processo de degradação de toda a matéria física em pó, fazem parte deste sistema excretor da criação.

6. **SISTEMA INTELIGENTE.** (Descoberto desde 1999 pelo autor e concluído em 2016, data em que o publiquei no meu blogue: profetisamarthalucia.blogspot.com.co.

INTELIGÊNCIA: A capacidade de compreender ou de conhecer.

NERVO: Cada um dos cordões esbranquiçados que irradiam do cérebro, da medula espinal e de outros órgãos e transmitem sensações e impulsos motores: nervo acústico, nervo ótico, nervo olfativo, entre outros.

NEUROGLIA: Grupo de células com longos prolongamentos ramificados, que se situam entre as células e as fibras nervosas nos vertebrados.

PNEUMOGÁSTRICA: nervo que se estende desde a medula oblonga até às cavidades do tórax e do abdómen.

NEURITE: Extensão filiforme que se estende da célula nervosa e entra em contacto com as células musculares, glandulares, etc., ou com o corpo de outra célula nervosa.

NEURÓNIO: célula nervosa.

CEREBRO: parte superior e anterior do cérebro.

CEREBELO: parte posterior e inferior do cérebro.

ENCEFALÃO: conjunto de órgãos nervosos contidos no crânio, compreendendo o cérebro, o cerebelo e a medula oblonga.

MERDULE: extensão do cérebro, ocupando o canal vertebral.

MEDULA OBLONGA: Porção anterior da medula espinal humana, que é considerada parte do cérebro.

PRINCIPAIS COMPONENTES DO SISTEMA INTELIGENTE

Todo o cérebro com os neurónios e os seus filamentos neurotransmissores sensíveis são os componentes principais e os acessórios são as células nervosas com as suas fibras neurotransmissoras que fazem parte de cada cromossoma, ou órgão do corpo humano.

Os neurónios, as partes mais importantes deste sistema.

SISTEMA INTELIGENTE, O QUE É? É o conjunto de neurónios com os seus cordões esbranquiçados e redes transmissoras, que estão em todas as células e cromossomas do corpo humano. São eles que permitem ao ser ver, perceber e compreender quem ou o que ele é, com todas as suas características e perceber, compreender e poder discernir sobre si próprio e sobre o que o rodeia e identificá-lo plenamente, para poder reagir de acordo com esse conhecimento e perceção integral de si próprio e do que o rodeia. Permite-lhe também aceder diariamente a novas percepções e conhecimentos, é cumulativo. Actua desde o cérebro central até aos cérebros auxiliares de cada componente do corpo humano e desde os cérebros auxiliares situados nos órgãos do corpo humano até ao cérebro central superior.

a. EM ANIMAIS. Constituído por todos os neurónios que fazem parte de todo o corpo animal com as suas fibras e extensões. Transportam e transmitem a compreensão do seu ambiente interno e externo, de si próprios para tudo o que os rodeia.

b. NAS PLANTAS. Constituído por todas as células nervosas com as suas extensões e ramificações fibrosas que se encontram em todo o corpo da planta, transportando e trazendo o conhecimento ou a compreensão da sua essência interior e do seu meio envolvente.

c. EM MINERAIS. Não é fácil de ver pelo olho humano. É o que o faz reagir, procurando a sua própria preservação, quando em contacto com outros seres ou elementos do mundo exterior, encontra-se em cada um dos seus átomos e moléculas, semelhante, no seu funcionamento, aos neurónios.

São necessárias centenas de milhares de anos para notar esta qualidade se não for cuidadosamente observada.

e. O PLANETA E AS ESTRELAS. Constituído pelas fibras sensíveis dos átomos e das moléculas, que funcionam como os neurónios, dá-lhes a possibilidade de reagir, de se preservar, de evoluir e de se fortalecer.

7. **SISTEMA MUSCULAR**. Conjunto de músculos que cobrem o sistema esquelético de qualquer ser animal do universo. São eles que produzem os movimentos do corpo animal.

a. NOS ANIMAIS. Constituído por todos os músculos que cobrem o seu sistema esquelético.

b. EM PLANTAS. É o tecido que forma a carne, ou massa, do corpo e dos ramos da planta.

c. NOS MINERAIS. É o principal componente que dá consistência e qualidades próprias a cada mineral.

d. O PLANETA E AS ESTRELAS. É a parte que cobre e dá solidez e presença física a cada ser, astro, planeta, planetoide ou estrela do cosmos.

8. **SISTEMA NERVOSO.** O conjunto de nervos que fazem parte do ser, e que estão interligados, emitem e recebem acções e reacções, sensações, sentidos e sentimentos do cérebro principal, dos seus neurónios e dos neurónios ou células nervosas de cada um dos órgãos do corpo do ser, ou dos átomos sensíveis ou cromossomas do corpo do astro.

Uma parte importante destes neurónios são as suas fibras e nervos. Cada um deles é o transmissor e o recetor que irradia todo o ser, transmite sensações, acções e reacções. Controlam todos os sentidos.

a. EM ANIMAIS. O conjunto de células nervosas com as suas fibras transmissoras, que levam e trazem acções e reacções ou sensações do cérebro para todo o corpo e vice-versa, de cada um dos órgãos e das suas terminações nervosas ou neurais, para o cérebro principal.

No cérebro principal, estas terminações nervosas encontram-se nas fibras neuronais ou neurónios que são receptores de neurotransmissores e, no resto do corpo, em todos os átomos e cromossomas dos seus neurónios ou terminações nervosas.

b. NAS PLANTAS. Feixe fibroso na face inferior das folhas, conjunto de filamentos que transportam as sensações ao longo do corpo da planta, da raiz à ponta dos ramos e vice-versa, a partir de cada uma das fibras dos órgãos da planta, das suas terminações nervosas ou dos neurónios dos cérebros auxiliares da planta. É na raiz que se encontra o cérebro principal da planta, ao contrário do cérebro principal de cada ser animal.

c. NOS MINERAIS. Encontra-se nas moléculas do mineral, sólido ou líquido, e é o que lhe permite reagir quando se combina com outros minerais ou elementos, por meios naturais ou pela mão do homem. Para o notar, deve ser observado com atenção. Só assim é possível apreciar o seu metabolismo e as alterações que sofre com o passar do tempo ou em reação com outros elementos ou intrusões externas no seu habitat natural.

d- NO PLANETA E NAS ASTRAS: tal como nos minerais, pode demorar muito tempo a aperceber-se ou a ver a mudança ou as mudanças. A diferença é que toda a configuração nas estrelas é moldada pela sua própria composição, em feedback com os seres que habitam dentro e fora delas.

9. **SISTEMA ÓSSEO.** Conjunto de ossos que constituem o esqueleto do ser animal, que se distribuem por todo o corpo e servem para proteger os órgãos internos e suportar os músculos e a parte externa do ser. Os seus principais componentes são os ossos, que constituem o esqueleto do animal.

OSSO: cada uma das partes duras do esqueleto ou da estrutura dos vertebrados. São constituídos por materiais endurecidos por sais minerais (carbonatos e fosfatos de cálcio e de magnésio). São dotadas de nervos e de vasos sanguíneos e linfáticos, entre milhões de canais longitudinais microscópicos, que as tornam porosas na parte avermelhada da medula, que se encontra no seu interior, onde se formam os glóbulos vermelhos. A parte interna dura de alguns frutos. Os ramos que unem os pós, as rochas e as formações minerais sólidas.

ESPINHA: espinha dorsal. Formação óssea com vértebras intercaladas que se estendem da cabeça ao cóccix e que suportam a estrutura esquelética do corpo do animal, coberta por músculos, nervos e pele.

ESQUELETO: estrutura óssea do corpo animal.

ESPINHAÇO: conjunto de vértebras que se estende desde a nuca até ao cóccix.

vértebra: cada um dos ossos que formam a coluna vertebral. da nuca à cintura, da cintura à anca e nos membros superiores e inferiores.

a. EM ANIMAIS. Conjunto de ossos que constituem o esqueleto de um animal. Localizam-se: na cabeça ou crânio do animal, a coluna vertebral é a que o sustenta desde a parte inferior do crânio ou nuca, até ao cóccix ou nascimento da cauda.

b. NAS PLANTAS. Encontra-se na estrutura que dá forma à árvore, constituída pelo tronco principal com a sua componente interna dura, os ramos e a parte dura ou casca das sementes e o interior dos frutos.

c. EM MINERAIS. Configuração pedregosa ramificada, que unifica e mantém juntos os minerais sólidos e as rochas.

d. NO PLANETA E NAS ESTRELAS. Configuração de elementos cálcicos, terrosos e outros elementos sólidos, que, ramificados, sustentam a solidez do planeta, rocha, estrela ou asteroide; ligados entre si.

10. **SISTEMA RENAL.** Conjunto integrado de órgãos que contribuem para a evacuação da urina e de todos os líquidos em excesso nos animais e nas plantas. Chama-se renal porque está relacionado com os rins, que são os seus principais órgãos, ligados à uretra e à bexiga.

Rim: víscera que segrega a urina.

URETRA: tubo através do qual a urina é expelida.

Ureter; ducto que vai dos rins à bexiga, através do qual passa a urina.

VEJIGA: saco membranoso que contém a urina.

a. EM ANIMAIS. O conjunto integrado de rins, ureter e bexiga, que ajuda a evacuar a urina.

b. NAS PLANTAS. Conjunto de poros ou células que ajudam a planta a evacuar o excesso de fluidos de que já não necessita.

c. NOS MINERAIS. Nos minerais porosos, é o sistema de expulsão das substâncias em excesso.

d. NO PLANETA E NAS ESTRELAS. Conjunto de condutas e canais que ajudam o planeta ou a estrela a expelir ou a eliminar os líquidos residuais em excesso ou que já não são necessários, como os expelidos pelos géiseres e os líquidos que se misturam na lava dos vulcões. Está ligado ao sistema excretor do planeta ou estrela.

O conjunto de líquidos que cada um dos seres animais, vegetais e minerais que compõem o planeta ou a estrela deixou.

11. **SISTEMA REPRODUTOR.** Os órgãos reprodutores masculinos e femininos dos animais e das plantas. Os seus principais órgãos são: o útero e os ovários, no sexo feminino, e os espermatozóides, no sexo masculino, no homem e nos animais. Nas plantas, são: o pólen, os gâmetas, o zigoto, a semente, os ovários e os óvulos ou oócitos.

a. EM ANIMAIS. Processo reprodutivo, causado pelos órgãos reprodutores ou de reprodução.

MATRIZ: útero. Víscera da fêmea, na qual se desenvolve o feto animal.

OVÁRIO: órgão reprodutor feminino que produz e contém os óvulos.

OVUM: célula sexual contida nos ovários das fêmeas.

Espermatozoide: célula sexual masculina que fertiliza o óvulo.

Espermatozóides: espermatozóides de animais. Espermatozóides.

b. NAS PLANTAS. Gerado nos órgãos reprodutores das plantas.

GÂMEOS: cada uma das células sexuais masculinas ou femininas.

PÓLEN: pó fertilizante contido nos ovários. Parte do pistilo que contém os óvulos.

Óvulo: célula sexual contida nos ovários das flores.

CIGOT: óvulo fecundado.
CITÓIDE: célula formada pela união de um gâmeta masculino e de um gâmeta feminino. Organismo que se desenvolve a partir desta célula.

SEMENTE: parte do fruto da planta que contém o gérmen para a sua reprodução.

c. EM MINERAIS. Gerados por milénios de evolução. Substâncias inorgânicas, (sem órgãos para a vida). Parte útil do material extraído de uma mina. Existem em pó, metais, metalóides e líquidos.

A sua reprodução é o produto de um processo de transformação, gerado pela retroação evolutiva da poeira do planeta, com agentes e elementos internos e externos. Este processo pode durar de milhares a milhões de anos.

d. NO PLANETA E NO UNIVERSO. Nas estrelas, asteróides, planetas e planetoides é o mesmo que nos minerais. No Universo, o seu principal reprodutor inicial é o big bang, que se assemelha ao rebentamento do ovário de uma flor quando espalha o pólen.

Do mesmo modo, à explosão da supernova ou big bang segue-se o processo de polinização, ou, no caso das estrelas, chamar-lhe-ei: o processo de big banguização.

BIG BAN: processo de fecundação e de reprodução universal, produzido pela explosão primordial e prolongado por big bangs posteriores ou posteriores, na perpetuidade de uma supernova ou de uma superestrela ou de estrelas semelhantes ao Sol.

12. **SISTEMA RESPIRATÓRIO O sistema respiratório é** composto pelos órgãos da respiração, cujos principais órgãos são os pulmões nos animais e as células nas outras espécies. A sua principal função é a respiração.

RESPIRAÇÃO: a ação e o efeito da respiração.

RESPIRAR: absorver o ar dos seres vivos e expeli-lo sob uma forma modificada. Absorver o oxigénio da água, dos peixes. Exalar um odor. Função fisiológica que fornece oxigénio às células de um organismo e elimina o dióxido de carbono. Respirar ar.

PULMÕES: órgãos respiratórios do homem e dos animais que respiram ar (vertebrados). Órgão respiratório de certos aracnídeos e moluscos terrestres.

PULMONATOS: animais articulados que possuem pulmões.

Nariz: parte saliente entre a testa e a boca, com duas aberturas através das quais o animal inspira e expele o ar. Olfato. Órgão através do qual se realizam as funções de inspiração e expiração, está ligado aos brônquios ou pulmões.

BRONCO: cada um dos dois canais em que a traqueia se bifurca e entra nos pulmões, onde se divide e subdivide até terminar nas vesículas de ar.

BRONQUÍOLO: cada um dos pequenos canais em que se subdividem os brônquios nos pulmões dos animais.

a. EM ANIMAIS. Processo respiratório, gerado pelo movimento uniforme dos pulmões, na sua função de inspiração e expiração, no homem e nos animais.

b. NAS PLANTAS. Sistema respiratório, gerado pelo sistema interligado de vesículas e células respiratórias. Durante o dia, expelem oxigénio e aspiram dióxido de carbono; à noite, aspiram oxigénio e expelem dióxido de carbono.

ASPIRAR: aspirar o ar para os pulmões.

EXALAR: expelir o ar inspirado.

RESPIRAR: absorver o ar dos seres vivos e expeli-lo sob uma forma modificada. Absorver o oxigénio da água, peixes.

c. NOS MINERAIS. O sistema respiratório dos minerais está incluído em cada átomo da poeira mineral que constitui o mineral.

d. NO PLANETA E NO UNIVERSO. Nas estrelas e nos planetas, como nos minerais, está presente com a circulação do ar dentro e fora do corpo da estrela, do planeta ou do planetoide, e em cada um dos seres animais, vegetais e minerais que nele existem.

CAPÍTULO 4: EVOLUÇÃO E INVOLUÇÃO

EVOLUÇÃO

A ação de evoluir. Teoria segundo a qual as espécies animais, vegetais, minerais e as estrelas (seres e estrelas) existentes descendem de organismos mais simples, que foram gradualmente modificados de geração em geração.

a. NOS ANIMAIS. Está presente desde o início da vida animal na Terra, através dos primeiros seres vivos, os seres unicelulares.

UNICELULARES: seres constituídos por uma única célula. Após centenas de anos de evolução, surgiram os seres multicelulares.

PLURICELULAR: seres, ou organismos, constituídos por muitas células.

b. NAS PLANTAS. Estas ocorrem desde o aparecimento dos organismos unicelulares até aos organismos multicelulares e continuam a evoluir.

c. NOS MINERAIS. Está presente desde antes da formação do planeta, com o aparecimento da nano-micropartícula de Deus, a primeira explosão de um nanobig bang primordial e a primeira poeira cósmica, até hoje e continuará no futuro.

d. NO PLANETA E NO UNIVERSO. Apresenta-se com o aparecimento da primeira explosão da primeira nanomicropartícula de Deus, com o primeiro nanomicrobig bang. Ao explodir, espalhou os seus átomos e iniciou o seu sistema de reprodução infinita.

Formaram-se átomos, cromossomas, células, até que se criaram e formaram seres e estrelas, desde unicelulares a multicelulares e supernovas.

A evolução é, na realidade, o processo evolutivo de fecundação de todo o cosmos ou universo e de cada um dos seres e estrelas que o compõem, cuja função fecundadora primordial, desde o primeiro nanomicrobig bang, até aos megamacrobig bangs que ocorreram e continuarão a ocorrer no futuro.

É o mecanismo de renovação do universo. O seu principal motor de fertilização é o big bang.

ENVOLVIMENTO

Vire-se para dentro. Movimento para trás. Virar ou retroceder no processo generativo da vida.

a. NOS ANIMAIS. Algumas espécies desapareceram porque, em vez de melhorarem o seu metabolismo e evoluírem a sua espécie face às mudanças geracionais no seu habitat, permanecem não evoluídas, não se adaptam às mudanças e tornam-se exaustas, esgotadas, atrasadas ou decadentes, até desaparecerem.

b. NAS PLANTAS. Tal como acontece com os animais, muitas espécies e famílias desapareceram porque se deterioraram, ao ponto de desaparecerem e nem sequer restarem as sementes.

c. NOS MINERAIS. Nota-se com a deterioração e degeneração da qualidade e dureza dos minerais sólidos, ou firmeza na consistência dos líquidos, até se tornarem maleáveis, de pouca ou nenhuma qualidade, e inutilizáveis.

d. NO PLANETA E NO UNIVERSO. Ciclo pelo qual as estrelas e os planetas atingem a velhice, o esgotamento e o esgotamento da sua estrutura e tendem a autodestruir-se ou a desaparecer por explosão ou implosão.

EXPLOSÃO: ação de rebentar um corpo sob a forma de explosão, com um rugido. Combustão súbita e violenta.

IMPLOSÃO: ação de uma estrela ou planeta que se rompe para dentro com um rugido. A tendência do planeta ou astro para diminuir gradualmente de tamanho, para ser consumido para dentro até desaparecer e transformar-se em poeira cósmica. Diminuição brusca do tamanho de um astro, planeta ou planetoide, que é sugado como uma sultana que seca e se transforma em pó. Quando a estrela ou o planeta atinge este estado, é pulverizado.

IMPLOSÃO

EXPLOSÃO

CAPÍTULO 5: A MORTE

MORTE: cessação da vida. Cessação das funções vitais de qualquer ser ou astro da criação.

a. NOS ANIMAIS. Todos os seres animais racionais, semi-racionais e irracionais; desde o momento em que nascem, a cada hora e dia que passa, começam a morrer. A morte de cada um destes seres animais ocorre por diversas razões e circunstâncias, consoante o estilo de vida que levam e o ambiente ou habitat em que vivem.

Quando o seu corpo material morre, a sua alma e energia permanecem integradas no Todo ou criação. O seu corpo material torna-se fertilizante e gerador de vida para milhões de microrganismos que nascem das suas miudezas e, por fim, transforma-se em pó, que serve de nutriente a milhões de espécimes, até que as miudezas mortais se esgotem completamente, se não forem armazenadas ou conservadas num local especial.

b. NAS PLANTAS. Também envelhecem e morrem como os animais. Completam o seu ciclo de vida e, quando morrem, as suas miudezas geram nova vida para os outros e para os seus descendentes.

c. NOS MINERAIS. À medida que o homem atravessa os depósitos minerais sólidos ou líquidos, estes desaparecem ou transformam-se. Por si só, duram de milhares a milhões de anos, até que a estrela ou o planeta em que se encontram evolua ou se desenvolva, até que desapareçam ou se transformem.

d. NAS ESTRELAS E NO UNIVERSO. É o esgotamento da vida nas estrelas e nos planetas. Pode ocorrer por evolução, transformação ou involução. Pode ocorrer por um processo lento, ao longo de séculos, ou rapidamente pela intervenção de agentes ou elementos internos ou externos, que a fazem explodir ou implodir. Eles envelhecem, morrem e se transformam, como os demais seres e astros da criação.

CAPÍTULO 6 : TRANSFORMAÇÃO E RECICLAGEM DO UNIVERSO E DOS SEUS SERES

RECICLAR: submeter os resíduos ou desperdícios de qualquer material ou resíduo, purificá-los ou limpá-los e submetê-los, juntamente com os seus pares, a processos de recuperação e transformação, para os utilizar de outras formas, em benefício de todos.

TRANSFORMAR: mudar a forma e a utilidade das coisas ou dos seres.

a. NOS ANIMAIS. Durante a sua vida material, desde o nascimento até à morte, sofrem as mudanças das fases de crescimento até à velhice e à morte.

TRANSFORMAÇÃO: Uma vez desencarnado, transforma-se em energia e presença espiritual, energia pura, que pode ser boa, estática ou neutra ou má, dependendo do desempenho do ser na sua vida material e do habitat e das influências que incidiram sobre o ser ou astro.

O espírito passa para outro plano, onde começa a sua evolução, tornando-se conselheiro, guardião ou guia dos seres materiais que deve ajudar ou cuidar.

RECICLAGEM: Os seus restos materiais são reciclados pela natureza e é aí que nascem milhões de microrganismos que renovam o ecossistema, purificam esses restos e utilizam-nos completamente como nutrientes para os novos seres que nascem ou se reproduzem a partir deles.

b. NAS PLANTAS. Passam pelo mesmo ciclo e processo que os animais, desde o nascimento até à morte.

TRANSFORMAÇÃO: uma vez despojados do seu corpo vegetal, transformam-se em energia com um corpo espiritual, que pode ser bom, estático, neutro ou mau, consoante a sua natureza material, o uso que lhes foi dado e o habitat em que viveram.

A sua energia ou corpo espiritual permanece no plano espiritual, prestando o serviço de acompanhamento energético a outras plantas da mesma natureza ou ajudando a harmonizar com a sua presença espiritual, o lugar que ocupava na sua vida material.

RECICLAGEM: Os seus restos materiais são reciclados pela natureza até serem pulverizados e transformados em adubo para novas plantas. Também geram milhões de novos microrganismos que renovam o habitat, com os seus novos ciclos de vida e reprodução.

c. NOS MINERAIS. Sofrem o processo de desgaste que provoca o seu desaparecimento e morte, não são renováveis.

TRANSFORMAÇÃO: necessitam do homem, dos animais e das plantas para se transformarem ou da sua coexistência com outros minerais para a sua transformação em substâncias ou misturas de minerais.

A transformação natural ocorre com o passar do tempo, até desaparecerem sob a forma de poeira cósmica. A sua energia ou presença espiritual continua a ajudar a harmonizar o habitat onde existiu e dá a sua presença no plano espiritual, como harmonia na biodiversidade. Podem ser bons, estáticos ou neutros, ou maus.

RECICLAGEM: os resíduos minerais podem ser reciclados ou transformados com ajuda externa, ou fabricando objectos e equipamentos com eles.

d. NAS ESTRELAS E NO UNIVERSO.

TRANSFORMAÇÃO: está presente desde a criação do primeiro Deus ou partícula de Deus, até uma megamacrosupernova. Desde que nascem até que morrem, estão constantemente a transformar-se, até que a sua forma material desaparece pela morte, gerando outros seres ou poeira cósmica e transformando-se em novas estrelas ou planetas.

A sua energia ou o seu espírito, consoante tenha sido bom, estático, neutro ou mau, passa a contribuir para a harmonia do espaço que ocupava ou a integrar-se no plano espiritual como parte dele, com a sua presença plena, para o bem do Todo e da criação.

RECICLAGEM: a natureza encarrega-se da mudança, da evolução e da transformação da poeira cósmica, dos detritos e dos astro-detritos, para gerar nova vida e dar origem a novas estrelas, planetas e planetóides que renovam o universo.

É um processo contínuo e ininterrupto pelo qual devem passar todos os seres e astros da criação.

CAPÍTULO 7: RESSURREIÇÃO DO UNIVERSO E DOS SEUS SERES PARA O PLANO ESPIRITUAL OU ENERGÉTICO

RESURCITAR: Voltar à vida.

RESSURREIÇÃO: ato de ressuscitar um defunto. A ação de ressuscitar os seres e as estrelas da criação, porque fazem parte integrante da criação, são trinitários: CORPO, MENTE E ESPÍRITO. Por esta qualidade, todos morrem no mundo ou plano físico ou material e passam no corpo energético, composto de mente e espírito, para o plano ou mundo espiritual.

Aí, os animais, as plantas e os minerais, bem como os astros, servem de suporte energético aos novos seres materiais, que nascem na parte física da criação e nascem na parte física da criação.

Os de boa natureza actuam como conselheiros ou guardiães, ou alimentadores energéticos dos mesmos. Os de má natureza, quando não são lançados no nada, são deixados como distractores, estorvadores ou obstruidores dos seres materiais.

a. NOS ANIMAIS. Quando o seu corpo físico morre, a sua alma: mente e espírito, passa para o plano espiritual para um período de descanso e recuperação. Uma vez recuperados, vão para o seu género, espécie e grupo familiar para se encontrarem com os seus parentes da sua pequena família, depois para o sector de treino, onde lhes são atribuídas as suas tarefas de conselheiros, guardiões ou bons alimentadores energéticos.

Os maus são deixados a vaguear por aí, tentando fazer mais mal espiritualmente. Outros vão para um purgatório ou zona onde devem trabalhar e evoluir, onde devem tentar reparar os danos causados no plano físico durante a sua existência material. Outros vão para a lixeira da criação, onde é depositado o lixo universal, onde permanecem e nunca mais voltam.

b. NAS PLANTAS. Quando a planta morre, o seu corpo material vira adubo e a sua alma passa para o plano espiritual, para um período de recuperação e adaptação para o seu trabalho futuro, como suporte para os da sua espécie e família, no plano espiritual, os de boa índole. As de má índole vão para um local de transformação ou reciclagem espiritual. Os que se transformam em bons, continuam a ajudar, tal como os bons, os que não querem mudar são descartados para o submundo ou para o caixote do lixo da criação, onde a sua essência é descartada para sempre.

c. NOS MINERAIS. Quando o mineral se esgota ou a sua presença física está totalmente acabada ou transformada, a sua energia espiritual, após um período de repouso e reciclagem, se for boa, vai melhorar o habitat onde estava e foi explorado. Se for má, a sua energia espiritual sofre um processo de transformação e reciclagem, sendo depois enviada como enriquecimento energético do seu habitat. Se a sua essência ainda é má, a sua essência espiritual é descartada no caixote do lixo da criação.

d. NAS ESTRELAS E NO UNIVERSO. Quando o corpo físico de

uma estrela desaparece por explosão, implosão ou esgotamento, os seus restos continuam a dar vida a novos seres físicos através da poeira cósmica e dos seus resíduos. Os seus restos, tal como o pólen ou as sementes, são transportados ou ajudados pelo vento para polinizar ou fertilizar novas áreas da criação com os seus rebentos físicos.

A sua alma, se foi boa, vai para a recuperação e restauração energética. É então treinada e enviada como uma aura energética que aconselha ou ajuda outras estrelas, asteróides, planetas ou planetóides, da mesma espécie.

Se o seu desempenho ou comportamento foi mau, é enviado para um local de transformação ou de reciclagem, tal como os vegetais, os animais e os minerais, e se não puder ser transformado, a sua má energia ou mau espírito é descartado no caixote do lixo da criação, para sempre.

CAPÍTULO 8: RENASCIMENTO OU RETRANSMISSÃO DO UNIVERSO FÍSICO COM OS SEUS SERES

RELEVO: ação de aliviar uma pessoa.

RELEVAR: aliviar de um fardo, emprego ou compromisso, absolver. Substituir algo ou alguém.

RENACER: nascer de novo.

REBROTAR: brotar.

Rebento: rebento de plantas.

BROTAR: fazer brotar a planta do solo. Dar origem a novos rebentos, folhas, etc.

O universo ou a criação substitui-se segundo a segundo, desde o aparecimento da primeira nanomicrochispita ou nanomicropartícula de Deus, que é a mais pequena da criação, até uma supermegamacronova e, simultaneamente, continua a crescer e a aumentar, o seu número de seres e de estrelas, num ciclo de vida, através do revezamento infinito e imparável de cada um dos seus átomos, moléculas e partes que constituem o universo ou a criação.

a. NOS ANIMAIS. Os seus corpos materiais, quando morrem, são as miudezas a partir das quais surgem milhões de novos seres, que, por sua vez, fornecerão nutrientes e alimentos aos seres superiores da cadeia alimentar material. Os animais físicos reproduzem-se pela relação entre os dois sexos, seja pelo ovo, pela gestação ou pelo parto. Todas as espécies se reproduzem e se multiplicam, geração após geração.

Espiritualmente, passa-se da morte física para a vida espiritual; é o renascimento da alma, quando esta regressa ao seu lugar de origem.

b. NAS PLANTAS. As suas miudezas servem de adubo ou de sementeira para gerar milhões de novos seres, de outras espécies e da mesma espécie e género, assegurando assim a sua retransmissão, o renascimento nos seus descendentes ou a sua substituição por estes.

Renascem no plano espiritual, quando deixam o corpo físico e retornam ao seu local de origem espiritual, para continuar sua missão de vida, como conselheiros, guardiões ou energizadores.

c. EM MINERAIS. Os seus resíduos vão enriquecer o solo ou empobrecê-lo, com a ajuda dos animais. Desaparecem quando são extraídos da sua rocha ou do seu solo e transformados em novos produtos ou descartados como inúteis ou nocivos no seu corpo físico.

A sua essência espiritual renasce quando a estrela ou o planeta que a contém desaparece ou quando é completamente extraída do seu depósito ou veio. Renasce com as novas estrelas que se formam na geração de vida libertada da criação.

d. NAS ESTRELAS E NO UNIVERSO. Quando elas perecem por explosão, implosão ou esgotamento, as micropartículas e os detritos físicos que elas transportam dão nova vida a galáxias, sistemas e novos ecossistemas em geral.

No espiritual, a sua aura energética continua a fazer o seu trabalho de ajuda ou de prejuízo, consoante a sua natureza boa ou má, para os novos seres físicos que lhe sucedem em toda a criação.

NOTAS DO AUTOR

Chamei-lhe **A CRIAÇÃO, BIOLOGIA UNIVERSAL INTEGRAL**, porque espero ter resumido neste texto todas as características espirituais, corporais e mentais do universo infinito e dos seus seres e estrelas. Além disso, acrescentei-lhe o **SISTEMA INTELIGENTE**, que nenhum cientista tinha ainda descoberto antes de mim.

O conhecimento permite-nos cuidar de nós próprios e dos outros de forma adequada e ajuda-nos a aproveitar todos os recursos e bens da criação para o bem de todos no Todo.

Uma vez lido, cada um de vós, já conhece a verdadeira essência e existência da criação universal, com os seus seres e comecei-o em 7 de fevereiro de 2015 e terminei-o em 1 de novembro de 2016, às 20:30 horas.

MARTHA LUCÍA POSSO FRANCO

Autor

REFERÊNCIAS BIBLIOGRÁFICAS

Obtive as fotografias e imagens gratuitas do Google a partir do Pixabay e algumas outras a partir do compêndio do site.

A biologia geral já estava feita, a biologia trinitária do corpo, da mente e do espírito acrescentei-a eu, graças aos meus estudos e pesquisas de mais de duas décadas.

Espero que este novo conhecimento lhe seja útil.

Printed by Books on Demand GmbH, Norderstedt / Germany